SHOUBIAN CHUANGYI
HUABIAN 100LI

手编
创意花边
100例

100款简单易学且极富创意的
花边编织作品
精致的美图 详细的图解 独特的造型
将给你不一样的编织新体验

乔兴菊 主编

辽宁科学技术出版社
· 沈阳 ·

本书编委会

主　编　乔兴菊

编　委　廖名迪　贺梦瑶　谭阳春　李玉栋

图书在版编目（CIP）数据

手编创意花边100例／乔兴菊主编． —— 沈阳：辽宁
科学技术出版社，2013.8
　　ISBN 978-7-5381-8093-0

　　Ⅰ．①手… Ⅱ．①乔… Ⅲ．①绒线—手工编织—图集
Ⅳ．① TS935.52-64

　　中国版本图书馆 CIP 数据核字（2013）第 126306 号

如有图书质量问题，请电话联系
湖南攀辰图书发行有限公司
地址：长沙市车站北路 649 号通华天都 2 栋 12C025 室
邮编：410000
网址：www.penqen.cn
电话：0731-82276692　82276693

出版发行：辽宁科学技术出版社
　　　　　（地址：沈阳市和平区十一纬路 29 号　邮编：110003）
印 刷 者：湖南新华精品印务有限公司
经 销 者：各地新华书店
幅面尺寸：185mm × 260mm
印　　张：7
字　　数：138 千字
出版时间：2013 年 8 月第 1 版
印刷时间：2013 年 8 月第 1 次印刷
责任编辑：郭　莹　攀　辰
封面设计：多米诺设计·咨询　吴颖辉
版式设计：攀辰图书

书　　号：ISBN 978-7-5381-8093-0
定　　价：26.80 元
联系电话：024-23284376
邮购热线：024-23284502

前言
PREFACE

　　毛线编织是一种传统手工编织技术，一直以来备受编织爱好者的追捧。随着时尚、流行、新潮等元素的不断发展，毛线编织对各种工艺的要求也越来越高，无论是款式多样的毛线衣，还是时尚多变的新款披肩；无论是靓丽迷人的帽子围巾，还是推陈出新的包包与饰品，无不体现着人们对现代美感的追求。

　　每一名优秀的手工编织者，都会将自己的毛线编织作品用各种各样的点缀与修饰，来表现作品从整体到局部的完美搭配，因此，他们也都在不断地寻求作品细节美的表现方式。一款时尚而精致的花边作品的出现，往往会带给编织爱好者极大的吸引力。正因我们了解广大读者的需求，所以我们精心策划编排了本书，为毛线编织爱好者解决难题。

　　本书分为3章，主要从毛线编织花边的装饰与运用出发，将各种边缘花样以及编织方法详细地传递给每一位读者，从花边的常用针法解说到100款创意花边的经典展示，再到唯美花边的实例展示。全书遵循从简到难的递进方式，既考虑初学者编织基本功的扩展，又考虑编织熟手对花边作品及运用的更高追求。

　　当您拿起此书，您便找到了为自己毛线作品锦上添花的法宝，只要您用心学习此书，一定可以将自己的编织作品打造得更完美，将传统手工与现代时尚结合，编织出最符合时代潮流的优秀作品。

目 录
CONTENTS

第1章 ［花边常用的基础针法］

锁针 ［○］

样片（正面）

1 先用钩针钩1个锁套。

2 从挂在钩针上的1针中钩出线，就可以钩织好1针锁针。

样片（反面）

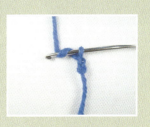

3 钩线，从挂在钩针上的1针中钩出线，钩出第2针锁针。

4 重复钩住线并拉出的操作，继续钩织就形成了一条辫子。

短针 ［十］

样片

1 钩针插入前一行上面锁针的2根线中。

2 从反面向前把线钩到钩针上。

3 拉出1针锁针高度的线环。

4 再把线钩到钩针上，一次性从挂在钩针上的2个线套中引拨出。

5 短针钩织完成的效果。

引拨针 [●]

样片

注意：
这种针法一般用于收没有弹性的边。

1　钩针插入上一行上面锁针的2根线中。

2　钩针挂上线并从2根线和针套中引拨出来。

3　完成1针引拨针。

中长针 [丅]

样片

1　线在钩针上绕1圈。

2　绕好1圈线的钩针插入上一行锁针的2根线中，钩针挂上线。

3　拉出2针锁针高度的线。

4　一次性引拨出挂在钩针上的3个线套。

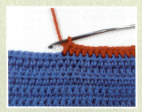

5　完成1针中长针。

长针
[下]

样片

1　线在钩针上绕1圈。

2　绕好1圈线的钩针插入上一行锁针的2根线中，钩针挂上线。

3　拉出2针锁针高度的线。

4　钩针上挂上线。

5　钩针从2个线套中拉出，并再次挂上线。

6　钩针再一次性地从2个线套中拉出，完成1针长针。

长长针
[下]

样片

1　线在钩针上绕2圈。

2　将绕好2圈线的钩针插入上一行锁针的2根线中，钩针挂上线。

3　拉出2针锁针高度的线，钩针再挂上线。

4　钩针从挂在钩针上的2个线套中拉出，并再次在钩针上挂上线。

5　从2个线套中拉出，钩针上继续挂上线。

6　一次性从挂在钩针上的2个线套中引拨出来，完成1针长长针。

松叶针

样片

1 钩1针长针，钩针挂上线，在同一处穿过，再把线钩出。

2 在同一处钩第2针长针。

3 在同一处钩第3针长针。 4 在同一处钩第4针长针。 5 在同一处钩第5针长针。 6 钩1针短针（为下一行钩松叶针），完成松叶针。

贝壳针

样片

1 在同一处钩2针长针。

2 中间钩1针锁针。

3 再在同一处钩2针长针，就完成了贝壳针。

用3针长针钩的珠针

样片

1 钩5针锁针立起，3针锁针代表1针长针的立起，钩针绕1次线插入上一行的第3针钩1针未完成的长针。

2 钩针绕1次线，在同一处钩第2针未完成的长针。

3 钩针绕1次线，在同一处钩第3针未完成的长针。

4 钩针绕线从所有线环中穿过。

5 钩针钩1针锁针，完成3针长针钩的珠针。

用5针长针钩的胖针

样片

1 钩5针锁针立起，3针锁针代表1针长针的立起。

2 钩针在上一行的短针里钩5针长针。

3 拿下钩针，从前面插入第1针长针和第5针长针里。

4 把第1针长针和第5针长针引拨出来。

5 再钩1针锁针固定拉紧，就完成了5针长针钩的胖针。

长针1针交叉

样片

1 钩5针锁针立起，3针锁针代表1针长针的立起，钩针插入上一行的第3针短针里钩1针长针。

2 再将钩针插入前一针短针的内侧。

3 钩1针长针，钩的时候包住第1针长针。

4 钩针绕线引拨出来，完成长针1针交叉。

钩针符号表

符号	名称	符号	名称	符号	名称	符号	名称	符号	名称	符号	名称
	Y形纹		锁针		短针		引拨针		1短针放2短针加针		长环针
	变化短退针		变化长针1针右上交叉		变化长针1针左上交叉		变化长针1针3针左上交叉		变化长针1针3针右上交叉		倒Y形纹
	中长针		长针		短绞针		贝壳针		长针1针2针交叉		长针2针1针交叉
	1短针放3短针加针		长长针		长针1针放2针加针		长针2针并1针减针		短针的条针编织		长针1针放3针加针
	长针3针并1针减针		长长长针		短针反浮针		短环针		长针1针交叉		长针反浮针
	短针正浮针		锁3针小环		特长针十字纹		短针2针并1针减针		短针3针并1针减针		短针的菱针编织
	用3针中长针钩的珠针		长针十字纹		特长针正浮针3针的珠针		用3针长针钩的珠针		用5针长针钩的胖针		中长针正浮针
	中长针反浮针		长针正浮针		变化珠针		中长针1针放2针加针		七宝针		中长针2针并1针减针
	中长针1针放3针加针		卷针		拉出的竖针		松叶针		中长针3针并1针减针		用5针中长针钩的胖针

[100 款创意花边详解]

1

2

编织图解：详见 P13

3

4

5

6

编织图解：详见 P13、P14

1

工具：5 号钩针
材料：绿色圆棉线 11g
作品详见 P11

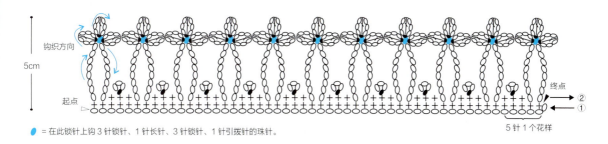

钩织方向

5cm

起点

终点
②
①

● = 在此锁针上钩 3 针锁针、1 针长针、3 针锁针、1 针引拨针的珠针。

5 针 1 个花样

2

工具：5 号钩针
材料：绿色圆棉线 6g
作品详见 P11

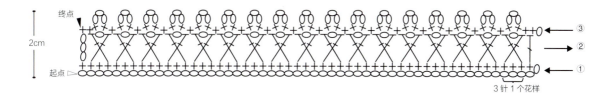

终点
2cm
起点

③
②
①

3 针 1 个花样

3

工具：5 号钩针
材料：绿色圆棉线 9g
作品详见 P12

终点
3.5cm
起点

③
②
①

10 针 1 个花样

4

工具：5 号钩针
材料：绿色圆棉线 10g
作品详见 P12

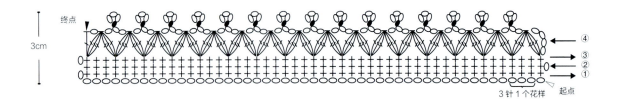

3cm

终点

起点

3 针 1 个花样

④
③
②
①

5

工具：5 号钩针
材料：绿色圆棉线 8g
作品详见 P12

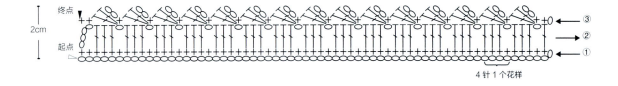

2cm

终点

起点

4 针 1 个花样

③
②
①

6

工具：5 号钩针
材料：绿色圆棉线 7g
作品详见 P12

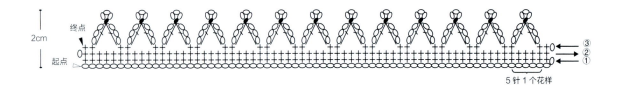

2cm

终点

起点

5 针 1 个花样

③
②
①

7

8

9

編織圖解：詳見 P17

10

11

编织图解：详见 P18

7

工具：4 号钩针
材料：绿色棉线 12g
作品详见 P15

5.5cm

终点

起点

⑨
⑧
⑦
⑥
⑤
④
③
②
①

16 针 1 个花样

8

工具：4 号钩针
材料：绿色棉线 13g
作品详见 P15

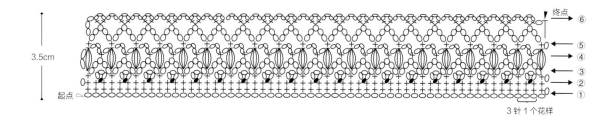

3.5cm

终点

起点

⑥
⑤
④
③
②
①

3 针 1 个花样

9

工具：4 号钩针
材料：绿色棉线 10g
作品详见 P15

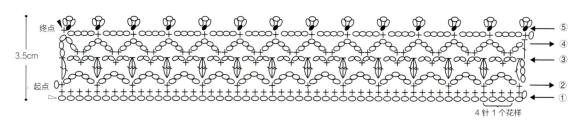

3.5cm

终点

起点

⑤
④
③
②
①

4 针 1 个花样

10

工具：4 号钩针
材料：黄绿色棉线 15g、天蓝色棉线 2g
作品详见 P16

小花

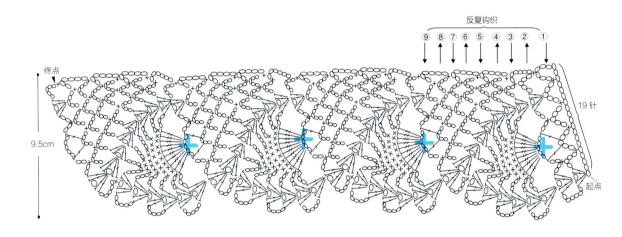

反复钩织

⑨ ⑧ ⑦ ⑥ ⑤ ④ ③ ② ①

终点

9.5cm

19 针

起点

11

工具：4 号钩针
材料：黄绿色棉线 7g
作品详见 P16

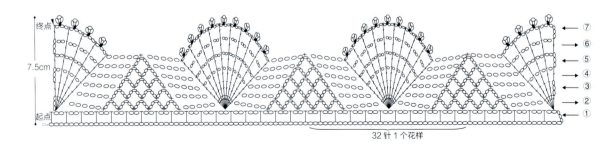

终点

7.5cm

起点

⑦
⑥
⑤
④
③
②
①

32 针 1 个花样

12

13

编织图解：详见 P21、P22

14

15

16

编织图解：详见 P23

花边13的钩织方法

1 按照图解钩好前面2个半圈的花后，第3个半圈先钩好4朵珠针花，中间用狗牙针连接。

2 钩3朵珠针花，中间用5针锁针连接。

3 再钩4朵珠针花，中间用2针锁针连接。

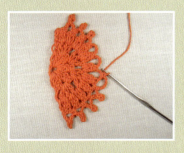

4 第4个半圈先钩4针狗牙花针，再钩5针锁针、1针短针。

5 钩7针锁针、1针短针作为下一朵花的花心。

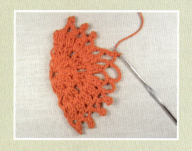

6 钩2针锁针立起，并钩1针中长针连接在第1朵花的5针锁针上。

7 钩第2朵花的第1个半圈。

8 第1个半圈钩好后，在第1朵花的5针锁针上钩1针短针连接。

12

工具：4 号钩针
材料：草绿色棉线 5g、淡蓝色棉线 4g
作品详见 P19

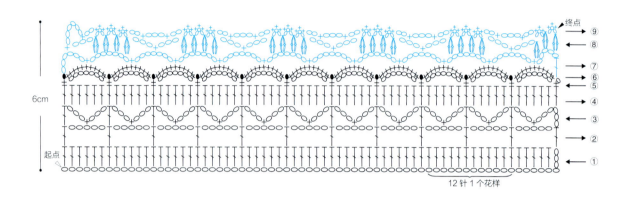

6cm

起点
终点

⑨
⑧
⑦
⑥
⑤
④
③
②
①

12 针 1 个花样

13

工具：5 号钩针
材料：草绿色钻石棉线 13g
作品详见 P19
详细图解见 P21

7 针锁针的
起针环

8.5cm

起点
终点

④
①
②
③

14

工具：小 4 号钩针
材料：粉蓝色奶棉线 8g
作品详见 P20

终点
4cm

④
③
②
①

起点

15

工具：4 号钩针
材料：天蓝色棉线 9g
作品详见 P20

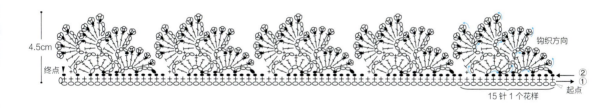

4.5cm

终点

钩织方向

②
①

起点

15 针 1 个花样

16

工具：小 4 号钩针
材料：天蓝色圆棉线 6g
作品详见 P20

反复钩织

① ②

终点

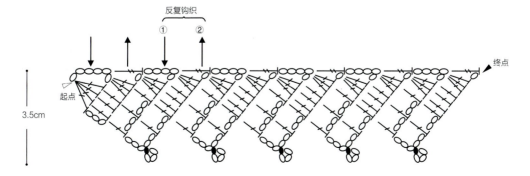

起点

3.5cm

17

18

19

编织图解：详见 P26

20

21

22

编织图解：详见 P27

17

工具：4 号钩针
材料：紫色棉线 9g
作品详见 P24

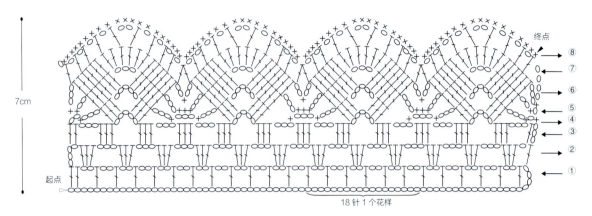

7cm

终点
⑧
⑦
⑥
⑤
④
③
②
①

起点

18 针 1 个花样

18

工具：4 号钩针
材料：紫色棉线 9g
作品详见 P24

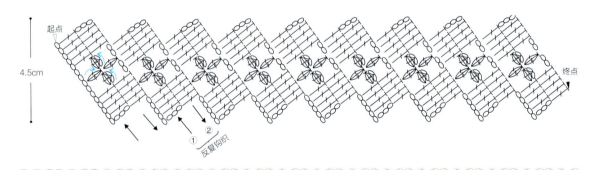

4.5cm

起点

终点

① ②
反复钩织

19

工具：4 号钩针
材料：紫色棉线 9g
作品详见 P24

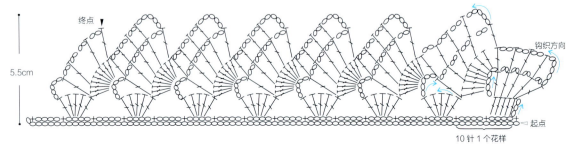

终点

5.5cm

钩织方向

起点

10 针 1 个花样

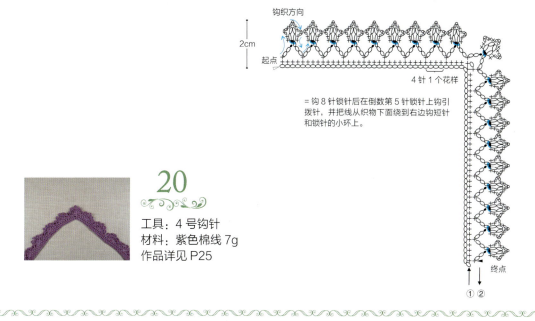

钩织方向

2cm

起点

4 针 1 个花样

= 钩 8 针锁针后在倒数第 5 针锁针上钩引拨针，并把线从织物下面绕到右边钩短针和锁针的小环上。

终点

① ②

20

工具：4 号钩针
材料：紫色棉线 7g
作品详见 P25

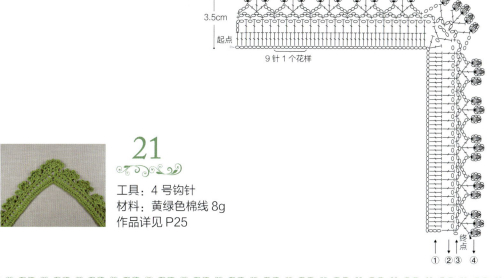

3.5cm

起点

9 针 1 个花样

终点

① ② ③ ④

21

工具：4 号钩针
材料：黄绿色棉线 8g
作品详见 P25

2cm

终点

6 针 1 个花样

起点

① ②

22

工具：4 号钩针
材料：淡蓝色棉线 5g
作品详见 P25

23

24

编织图解：详见 P30、P31

25

26

编织图解：详见 P32

∽ 花边 24 的钩织方法 ∽

1 按照图解钩好前面 2 个半圈的花，第 3 个圈先钩 3 针锁针立起，再钩 1 针长针后钩 3 针锁针立起。

2 在长针上钩 6 针长针、1 针短针与第 2 个半圈连接。

3 按步骤 1 和步骤 2 的方法钩 5 个花尖，再钩 7 针锁针、1 针短针完成第 1 朵半月花。

4 第 2 朵半月花第 1 个半圈钩完后钩 3 针锁针，再钩 1 针短针与第 1 个半圈花的第 5 个花尖连接。

5 按相同的方法第 2 朵半月花钩完第 3 个半圈后，再钩 1 针短针连接在第 1 朵半月花上。

6 钩第 3 朵半月花，第 1 个半圈钩好后钩 3 针锁针、1 针短针连接在第 2 朵半月花的第 5 个花尖上。

7 第 3 朵半月花钩完第 2 个半圈后，钩 1 针短针与第 1 朵半月花的第 4 个花尖连接。

8 重复操作钩出自己所需的花边。

23

工具：4 号钩针
材料：桃红色棉线 11g
作品详见 P28

7cm

说明：中间 25 针长针钩好后，从反方向把一朵花的半边钩好再钩另外一半。

24

工具：4 号钩针
材料：天蓝色棉线 12g
作品详见 P28
详细图解见 P30

9cm

④~⑨反复钩织

25

工具：4 号钩针
材料：绿色棉线 1g、红色棉线 1g、 淡蓝色棉线 6g、奶白色棉线 3g
作品详见 P29

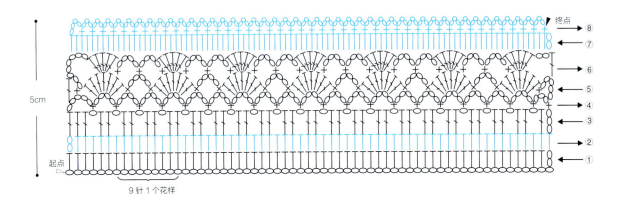

5cm

终点
⑧
⑦
⑥
⑤
④
③
②
①
起点

9 针 1 个花样

26

工具：4 号钩针
材料：淡蓝色棉线 3g、天蓝色棉线 1g、奶白色棉线 1g、红色棉线 3g
作品详见 P29

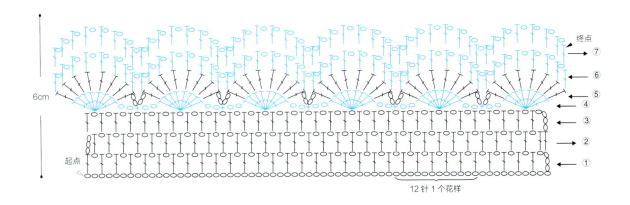

6cm

终点
⑦
⑥
⑤
④
③
②
①
起点

12 针 1 个花样

27

28

编织图解：详见 P35

29

30

31

编织图解：详见 P36

27

工具：4 号钩针
材料：红色棉线 10g
作品详见 P33

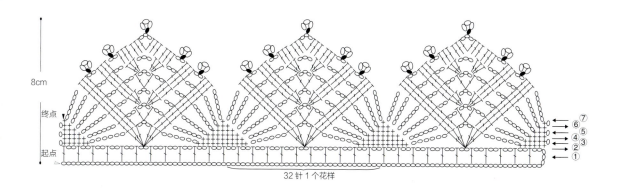

8cm

终点

起点

⑦
⑥
⑤
④
③
②
①

32 针 1 个花样

28

工具：4 号钩针
材料：红色棉线 9g
作品详见 P33

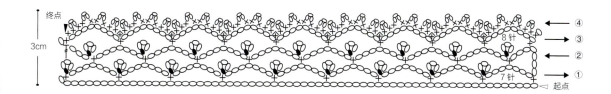

终点

3cm

④
③
②
①

8 针

7 针

起点

29

工具：4 号钩针
材料：红色棉线 11g
作品详见 P34

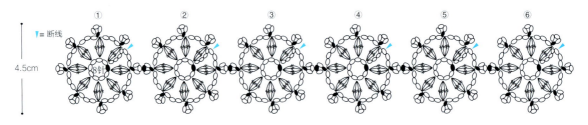

4.5cm

▼= 断线

① ② ③ ④ ⑤ ⑥

8针

30

工具：4 号钩针
材料：红色棉线 8g
作品详见 P34

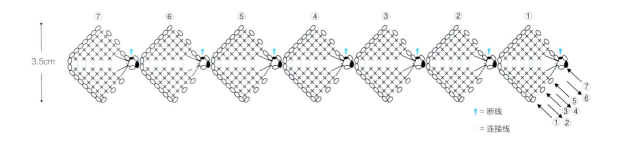

3.5cm

⑦ ⑥ ⑤ ④ ③ ② ①

▼ = 断线
| = 连接线

⑦
⑤ ⑥
③ ④
① ②

31

工具：4 号钩针
材料：纯白色棉线 9g、西瓜红棉线 4g
作品详见 P34

接线

5.5cm

断线

① ② ③ ④ ⑤ ⑥

宽 1cm 的红色短绒缎带

①～⑥反复钩织

32

33

34

编织图解：详见 P39

35

36

37

编织图解：详见 P40

32

工具：4 号钩针
材料：桃红色棉线 8g
作品详见 P37

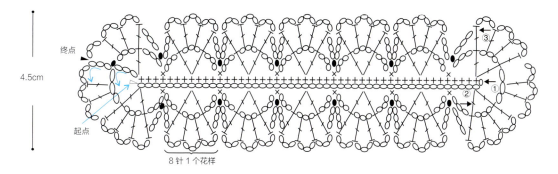

4.5cm

终点

起点

8 针 1 个花样

33

工具：4 号钩针
材料：桃红色棉线 6g
作品详见 P37

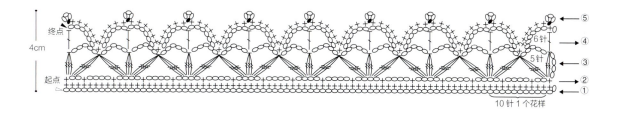

4cm

终点

起点

6 针
5 针

10 针 1 个花样

34

工具：4 号钩针
材料：桃红色棉线 11g
作品详见 P37

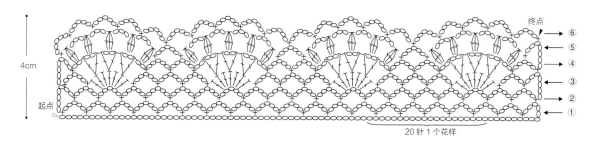

4cm

终点

起点

20 针 1 个花样

35

工具：大 4 号钩针
材料：桃红色圆棉线 10g
作品详见 P38

反复钩织

① ② ③ ④ ⑤ ⑥

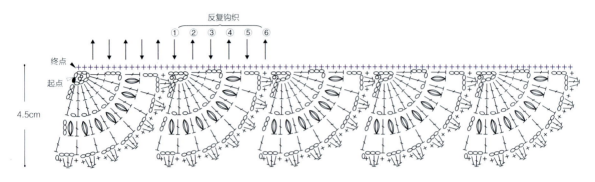

终点
起点

4.5cm

36

工具：4 号钩针
材料：桃红色细圆棉线 8g
作品详见 P38

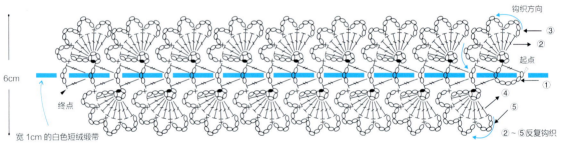

钩织方向

③
②
起点
①
④
⑤
②~⑤反复钩织

6cm

终点

宽 1cm 的白色短绒缎带

37

工具：4 号钩针
材料：桃红色棉线 9g
作品详见 P38

终点

5cm

起点

⑤
④
③
②
①

11 针

18 针 1 个花样

38

39

40

编织图解：详见 P43

41

42

43

编织图解：详见 P44

38

工具：4 号钩针
材料：西瓜红棉线 11g
作品详见 P41

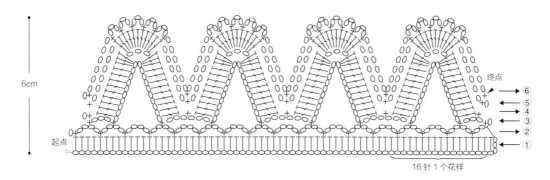

6cm

起点

终点

⑥
⑤
④
③
②
①

16 针 1 个花样

39

工具：4 号钩针
材料：西瓜红棉线 12g
作品详见 P41

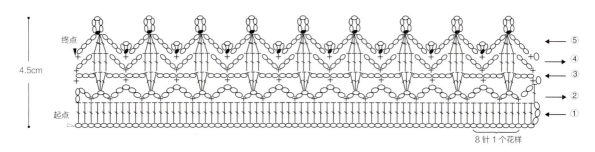

4.5cm

终点

起点

⑤
④
③
②
①

8 针 1 个花样

40

工具：4 号钩针
材料：西瓜红棉线 7g
作品详见 P41

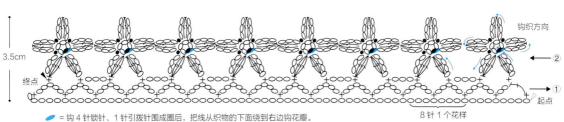

3.5cm

终点

钩织方向

②
①

起点

8 针 1 个花样

= 钩 4 针锁针、1 针引拔针围成圈后，把线从织物的下面绕到右边钩花瓣。

41

工具：4 号钩针
材料：西瓜红棉线 11g
作品详见 P42

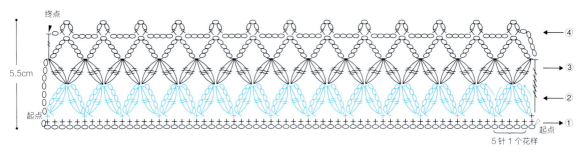

终点

5.5cm

起点

④
③
②
起点 ①

5 针 1 个花样

42

工具：4 号钩针
材料：西瓜红棉线 8g
作品详见 P42

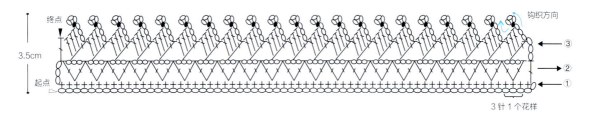

终点

3.5cm

起点

钩织方向

③
②
①

3 针 1 个花样

43

工具：4 号钩针
材料：西瓜红棉线 8g
作品详见 P42

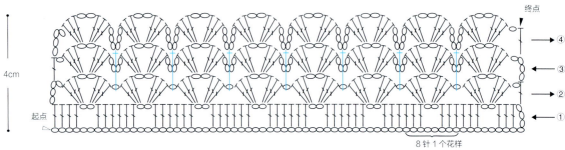

终点

4cm

起点

④
③
②
①

8 针 1 个花样

† = 钩 1 针短针，把第②行和第③行的锁针都钩上来一起钩。

44

45

编织图解：详见 P47、P48

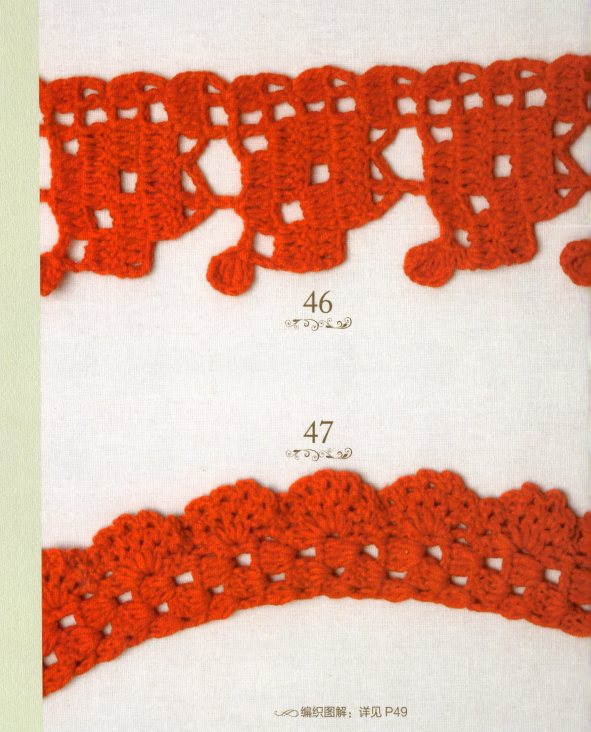

46

47

编织图解：详见 P49

花边 44 的钩织方法

1 钩6针锁针引拨围成圈，再钩2片4针锁针、2针长长针、4针锁针、1针引拨针的小花瓣，第3片小花瓣只钩4针锁针、2针长长针。

2 钩10针锁针，在倒数第6针上引拨围成圈，并把线从织物的上方移到下方开始钩第2朵花朵。

3 按前面的方法钩自己所需花边的长度，3朵小花朵组成一个三角形。

4 最后1朵花朵钩5片完整的花瓣后，钩4针锁针、2针长长针，把钩针插入前1朵花朵的第3片花瓣的顶部引拨。

5 钩4针锁针，在圈内引拨后钩完所有的花瓣。

6 如图在第1朵花朵上钩第4片不完整的花瓣，再钩10针锁针在倒数第6针引拨围成圈，把线从织物的右边移到左边钩第2层花朵。

7 第2层的第1朵花朵的第1片花瓣与第1层的第2朵花朵的第5片花瓣引拨连接。

8 第2层的第2朵花朵的第1片花瓣与第1层的第2朵花朵的第4片花瓣引拨连接。

9 第2层的第2朵花朵的第2片花瓣与第1层的第3朵花朵的第5片花瓣引拨连接。

10 钩完剩下的第2层花朵，按同样的方法钩第3层花朵。

11 第3层的花朵第1片花瓣与第2层的第2朵花朵的第5片花瓣引拨连接后完成剩下的花瓣，并把第2层剩下的花瓣也钩完整回到第1层。

12 9朵花朵组成的小三角形完成。

44

工具：4 号钩针
材料：西瓜红圆棉线 12g
作品详见 P45
详细图解见 P47

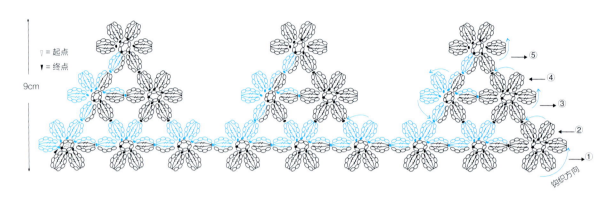

▽ = 起点
▼ = 终点

9cm

⑤
④
③
②
①

钩织方向

45

工具：4 号钩针
材料：西瓜红圆棉线 12g
作品详见 P45

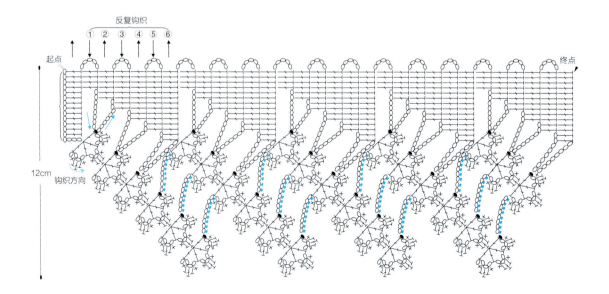

反复钩织
① ② ③ ④ ⑤ ⑥

起点
终点

12cm

钩织方向

46

工具：5 号钩针
材料：火红色圆棉线 12g
作品详见 P46

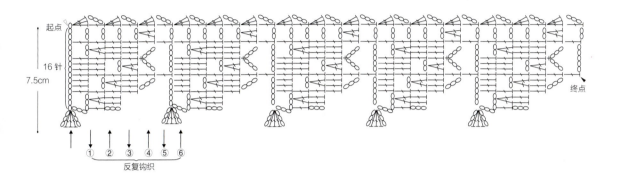

47

工具：5 号钩针
材料：火红色圆棉线 10g
作品详见 P46

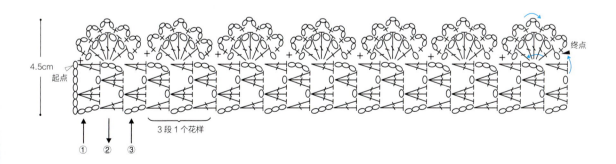

48

49

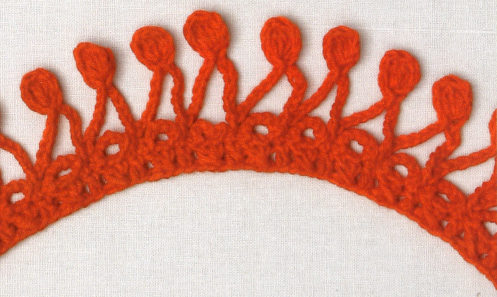

编织图解：详见 P53

50

51

编织图解：详见 P52、P54

花边 50 的钩织方法

1 在需要钩小花朵的地方换红色线钩1针中长针。

2 钩1针锁针，在同一位置再钩1针中长针形成1个圈。

3 在左上方钩3针锁针，在圈内钩3针未完成长针。

4 线从所有线环中穿过完成3针长针的珠针，再钩3针锁针、1针引拔针完成第1片花瓣。

5 在下方钩3针锁针，把织物调一个方向将钩针插入钩中长针的位置。

6 钩3针未完成长针，把线从所有线环中穿过，钩3针锁针、1针引拔针完成第2片花瓣。

7 在右方圈内钩3针锁针、3针长针的珠针，再钩3针锁针、1针引拔针完成第3片花瓣。

8 在上方完成第4片花瓣，一朵小花朵就完成了。

9 换线继续钩长针，并把另一种线包在长针里。

10 按同样的方法完成第2朵花朵。

48

工具：5 号钩针
材料：火红色圆棉线 10g
作品详见 P50

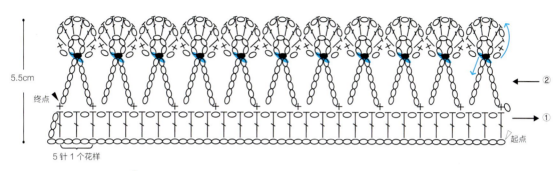

5.5cm

终点

起点

5 针 1 个花样

②

①

= 钩 5 针锁针围成圈引拨 1 针后，把线绕到织物的下面钩 1 针锁针，再从右到左开始钩短针、锁针、中长针、
锁针、长针、锁针，依次钩完后钩 6 针锁针、1 针短针完成 1 朵花朵。

49

工具：5 号钩针
材料：火红色圆棉线 10g
作品详见 P50

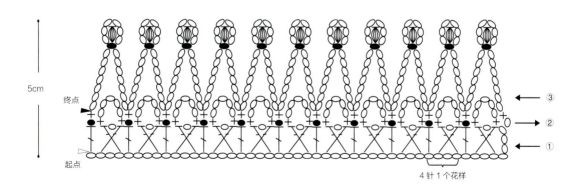

5cm

终点

起点

③
②
①

4 针 1 个花样

50

工具：4 号钩针
材料：纯白色棉线 5g、桃红色棉线 4g
作品详见 P51
详细图解见 P52

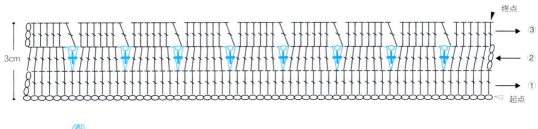

小花朵

小花朵的钩织方法见 P52

51

工具：4 号钩针
材料：纯白色棉线 7g、西瓜红棉线 5g
作品详见 P51

小花

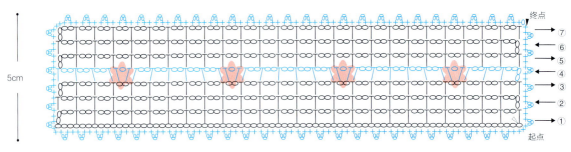

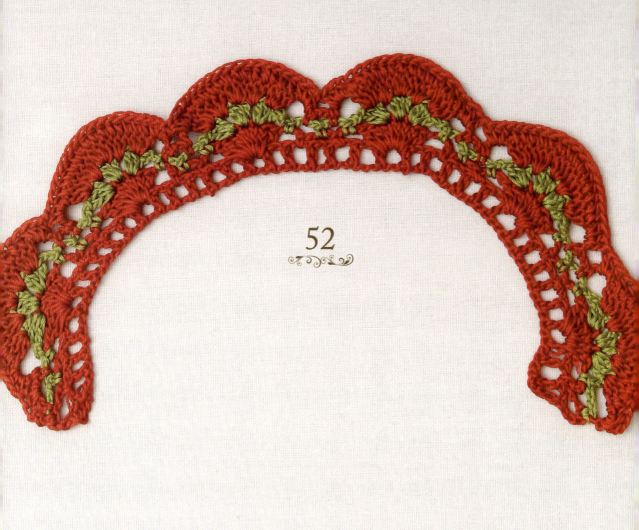

52

53

编织图解：详见 P57

54

55

編織圖解，詳見 P58

52

工具：4 号钩针
材料：红色棉线 8g、黄绿色棉线 1g
作品详见 P55

终点

4cm

起点

12 针 1 个花样

⑤
④
③
②
①

53

工具：4 号钩针
材料：红色棉线 7g、绿色棉线 1.5g、黄绿色棉线 1.5g
作品详见 P55

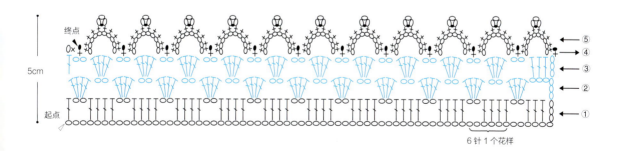

终点

5cm

起点

6 针 1 个花样

⑤
④
③
②
①

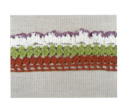

54

工具：4 号钩针
材料：红色棉线 3g、黄绿色棉线 2g、奶白色棉线 3g、紫色棉线 1g
作品详见 P56

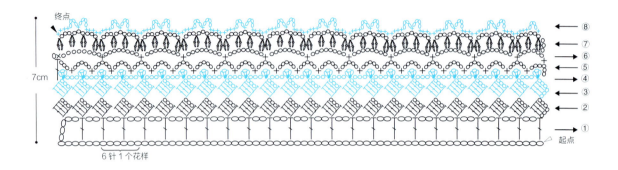

7cm

终点

6 针 1 个花样

起点

← ⑧
← ⑦
← ⑥
← ⑤
← ④
← ③
← ②
→ ①

55

工具：4 号钩针
材料：绿色棉线 2g、黄绿色棉线 4g、紫色棉线 2g、奶白色棉线 2g
作品详见 P56

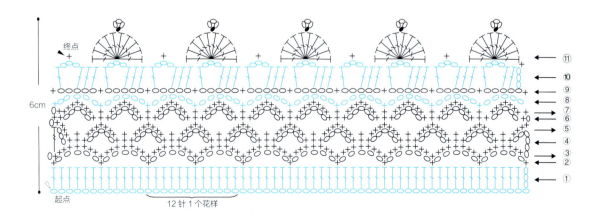

6cm

终点

起点

12 针 1 个花样

← ⑪
← ⑩
← ⑨
← ⑧
→ ⑦
← ⑥
← ⑤
← ④
← ③
← ②
← ①

56

57

編織圖解：詳見 P61、P62

58

59

60

编织图解：详见 P63

花边 57 的钩织方法

1 钩9针锁针，在倒数第4针锁针上钩1针长针，反复这样操作钩出自己所需花边的长度。

2 钩到所需长度后，再钩7针锁针并把线在针上绕2圈。

3 在1针长针和3针锁针组成的圈里钩出1针未完成的长长针。

4 重复操作步骤3钩出4针未完成的长长针。

5 线从所有未完成的长长针中穿过钩出1针完成1片花瓣。

6 钩8针锁针后在同一位置再钩1片花瓣。

7 重复操作钩完上半部分的花瓣，回到起针处用1针引拨针连接后钩下半部分的花瓣。

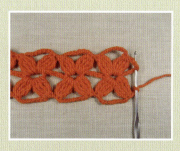

8 下半部分的花瓣钩完，最后钩4针锁针引拨结束完成整个花边。

56

工具：5 号钩针
材料：黄色夹丝棉线 10g
作品详见 P59

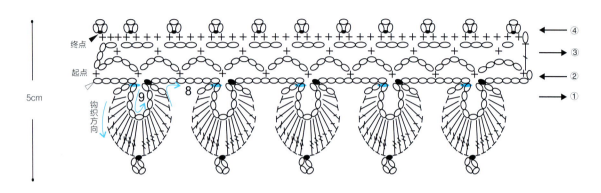

5cm

终点
起点
钩织方向

=9 针围成圈后把线从织物的下面绕到右边。

57

工具：5 号钩针
材料：黄色夹丝棉线 10g
作品详见 P59
详细图解见 P61

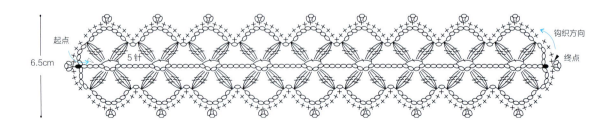

6.5cm

起点
钩织方向
终点
5 针

58

工具：4 号钩针
材料：草绿色竹纤维棉线 10g
作品详见 P60

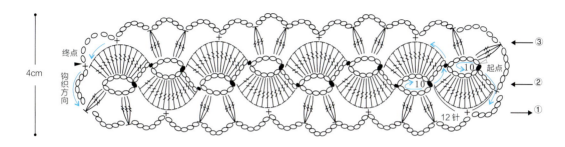

59

工具：4 号钩针
材料：草绿色竹纤维棉线 7g
作品详见 P60

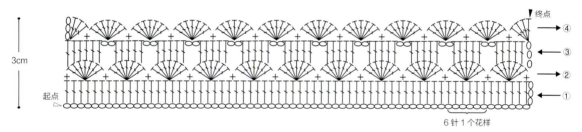

60

工具：4 号钩针
材料：草绿色竹纤维棉线 7g
作品详见 P60

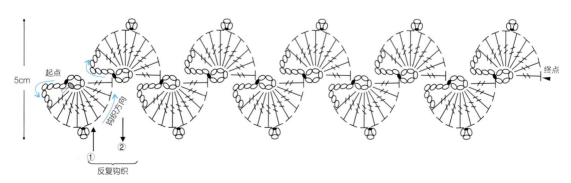

61

62

63

编织图解：详见 P66、P67

64

65

编织图解：详见 P68

花边 63 的钩织方法

1 钩 3 针锁针、2 针长针的珠针。

2 钩 4 针锁针，在倒数第 4 针锁针上钩 1 针长针，再钩 3 针锁针、1 针引拨针。

3 钩 15 针锁针，在倒数第 5 针锁针上钩 3 针长长针的珠针。

4 钩 2 针锁针，在步骤 3 倒数第 5 针锁针上钩 1 针中长针与 2 针锁针引拨。

5 钩 7 针锁针，在倒数第 5 针锁针上钩 3 针长长针的珠针。

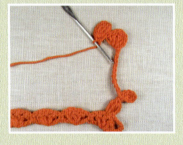

6 在倒数第 1 针上钩 1 针中长针与珠针引拨。

7 钩 10 针锁针、1 针引拨针、3 针锁针、1 针长针、3 针锁针、1 针引拨针。

8 钩 3 针锁针、2 针长针的珠针、1 针短针与第 1 行连接。

9 重复操作钩完第 2 行完成自己所需的花边。

61

工具：4 号钩针
材料：黄绿色棉线 6g
作品详见 P64

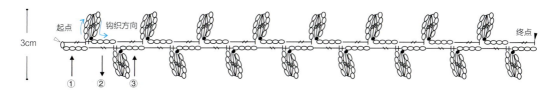

62

工具：4 号钩针
材料：黄绿色棉线 13g
作品详见 P64

= 钩 8 针锁针引拨针围拢成圈后再逆时针方向钩 2 针短针、5 针锁针、9 个 2 针短针、9 个 5 针锁针、1 针短针，把线从织物的下方绕到左手边钩引拨针后再钩 6 针锁针、1 针引拨针与上面的连接。

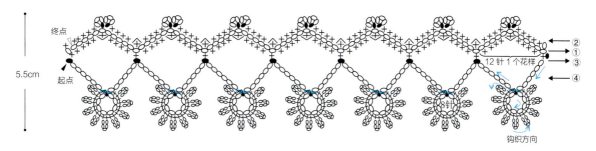

63

工具：4 号钩针
材料：黄绿色棉线 10g
作品详见 P64
详细图解见 P66

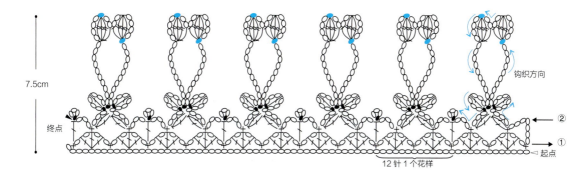

64

工具：4 号钩针
材料：草绿色竹纤维棉线 15g
作品详见 P65

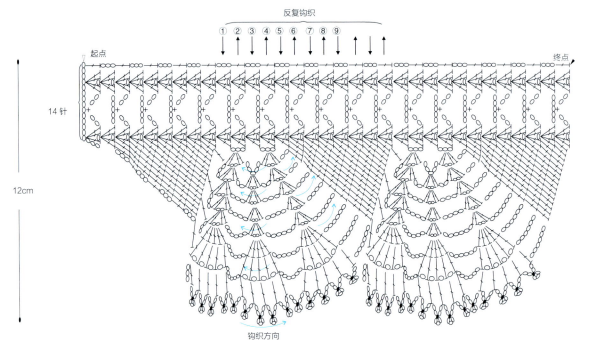

反复钩织

① ② ③ ④ ⑤ ⑥ ⑦ ⑧ ⑨

起点　　　　　　　　　　　　　　　　　　　　　终点

14 针

12cm

钩织方向

65

工具：4 号钩针
材料：草绿色竹纤维棉线 13g
作品详见 P65

终点

7.5cm

⑧
⑦
⑥
⑤
④
③
②
①

反复钩织

起点

12 针 1 个花样

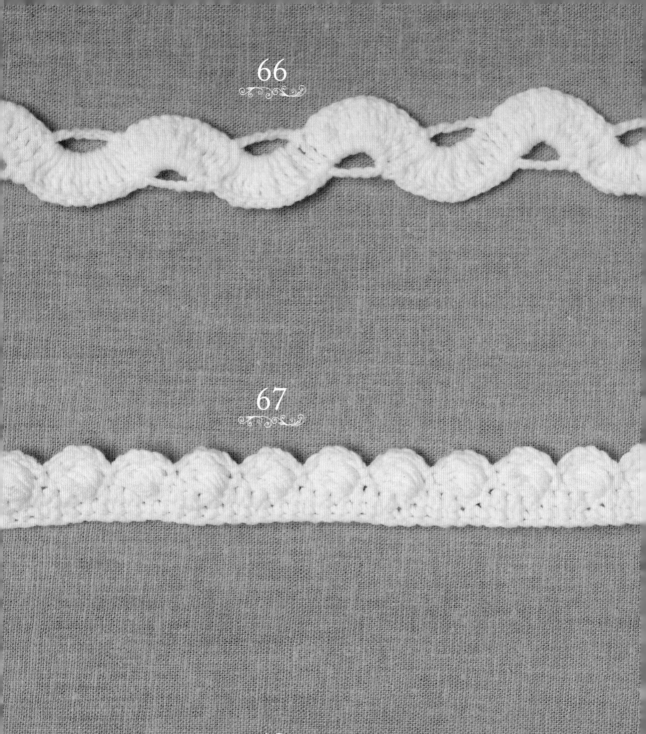

66

67

68

编织图解：详见 P71、P72

69

70

71

编织图解：详见 P71、P73

∽ 花边 66 的钩织方法 ∽

1 钩 10 针锁针引拨围成圈后钩 4 针锁针立起，在圈内钩 12 针长长针完成 1 片花瓣。

2 再钩 10 针锁针引拨围成圈。

3 钩 4 针锁针，在第 1 片花瓣的圈里引拨 1 针。

4 把织物换个方向在针上绕 2 圈后开始钩第 2 片花瓣。

5 重复以上的步骤完成自己所需长度的花边。

∽ 花边 69 的钩织方法 ∽

1 钩 4 针锁针，在第 1 针锁针里钩 4 针长针的松叶针。

2 把钩针拿出从第 1 针长针和第 4 针长针里穿入。

3 把第 1 针长针和第 5 针长针引拨出来。

4 钩 8 针锁针。

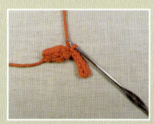

5 从倒数第 3 针锁针开始钩 5 针引拨针。

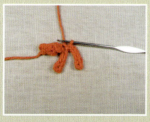

6 重复步骤 4 和步骤 5 的操作。

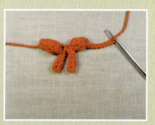

7 重复步骤 1 和步骤 6 钩出自己所需长度的花边。

66

工具：5 号钩针
材料：纯白色细圆棉线 5g
作品详见 P69
详细图解见 P71

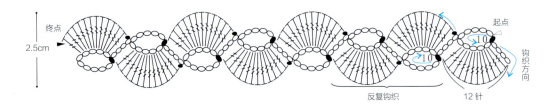

终点
2.5cm

起点

反复钩织

12 针

钩织方向

67

工具：5 号钩针
材料：白色圆棉线 7g
作品详见 P69

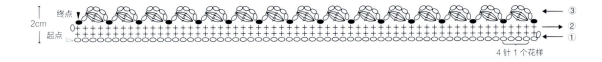

终点
2cm
起点

③
②
①

4 针 1 个花样

68

工具：5 号钩针
材料：白色圆棉线 7g
作品详见 P69

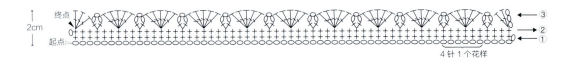

终点
2cm
起点

③
②
①

4 针 1 个花样

69

工具：4 号钩针
材料：奶白色棉线 9g
作品详见 P70
详细图解见 P71

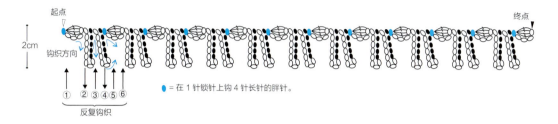

● = 在 1 针锁针上钩 4 针长针的胖针。

起点
终点
2cm
钩织方向
① ② ③ ④ ⑤ ⑥
反复钩织

70

工具：4 号钩针
材料：奶白色棉线 11g
作品详见 P70

= 把引拔针和锁针连接在一起。
= 钩 7 针锁针引拔围成圈后把线从织物的下面移到左边钩短针。

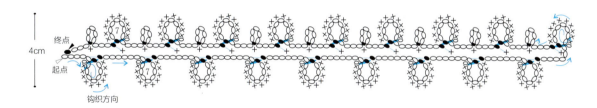

终点
4cm
起点
钩织方向

71

工具：4 号钩针
材料：纯白色棉线 15g
作品详见 P70

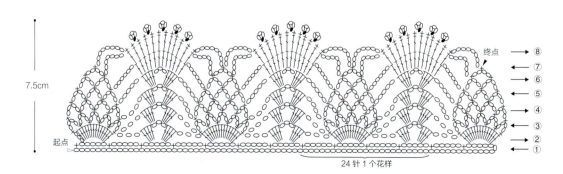

7.5cm
起点
终点
⑧ ⑦ ⑥ ⑤ ④ ③ ② ①
24 针 1 个花样

72

73

74

編織圖解：詳見 P76

75

76

77

编织图解：详见 P77

72

工具：5 号钩针
材料：奶白色圆棉线 9g
作品详见 P74

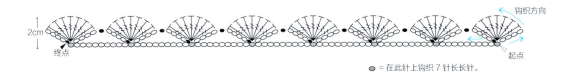

2cm

钩织方向

终点　　起点

⬤ = 在此针上钩织 7 针长长针。

73

工具：5 号钩针
材料：奶白色圆棉线 7g
作品详见 P74

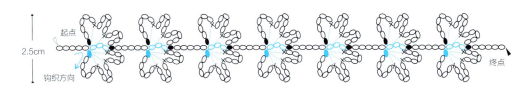

起点

2.5cm

钩织方向

终点

 = 在此针上钩织 5 针短针和最后一针引拨针。　　　⬭⬭ = 将织片翻回正面，在第 3 针短针上钩织引拨针。

74

工具：2 号钩针
材料：米白色 8 号蕾丝线 5g
作品详见 P74

⬤ = 在此针上钩织 4 针引拨针和 12 针长长针。

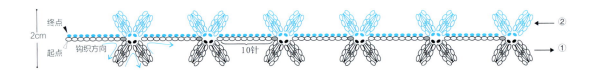

终点

2cm

起点

钩织方向　　　　　　　　10 针

②

①

75

工具：4 号钩针
材料：纯白色棉线 9g
作品详见 P75

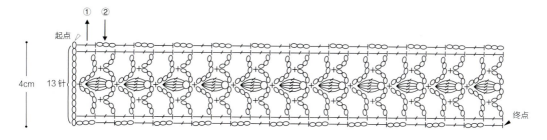

4cm
13 针
① ②
起点
终点

76

工具：4 号钩针
材料：纯白色棉线 8g
作品详见 P75

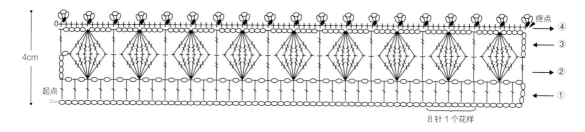

4cm
0
起点
终点
④
③
②
①
8 针 1 个花样

77

工具：4 号钩针
材料：纯白色棉线 7g
作品详见 P75

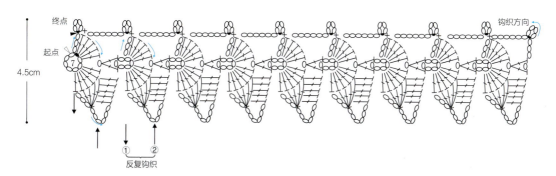

4.5cm
终点
起点
钩织方向
① ②
反复钩织

78

79

80

编织图解：详见 P80

81

82

编织图解：详见 P81

78

工具：小 4 号钩针
材料：纯白色细圆棉线 6g
作品详见 P78

终点
3cm
起点
10 针 1 个花样
④
③
②
①

79

工具：小 4 号钩针
材料：纯白色细圆棉线 8g
作品详见 P78

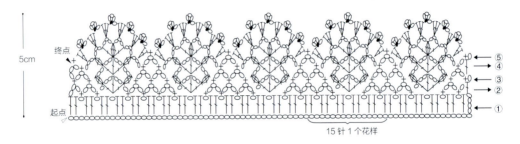

5cm
终点
起点
15 针 1 个花样
⑤
④
③
②
①

80

工具：4 号钩针
材料：纯白色棉线 6g
作品详见 P78

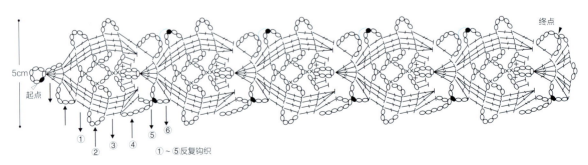

5cm
起点
终点
① ② ③ ④ ⑤ ⑥
①~⑤反复钩织

81

工具：4 号钩针
材料：纯白色棉线 14g
作品详见 P79

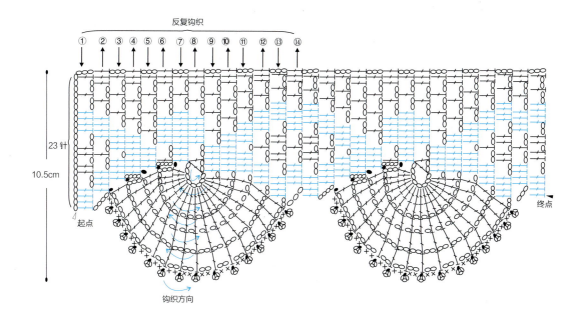

反复钩织

① ② ③ ④ ⑤ ⑥ ⑦ ⑧ ⑨ ⑩ ⑪ ⑫ ⑬ ⑭

23 针

10.5cm

起点

终点

钩织方向

82

工具：小 4 号钩针
材料：西瓜红奶棉线 9g
作品详见 P79

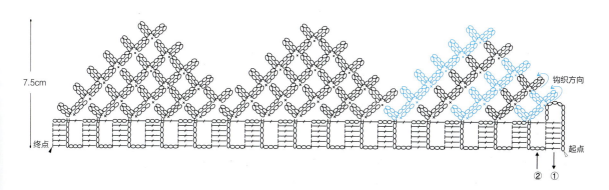

7.5cm

钩织方向

终点

起点

② ①

83

84

编织图解：详见 P84、P85

85

86

编织图解：详见 P84、P86

∽ 花边 83 的钩织方法 ∽

1. 钩 14 针锁针，在倒数第 4 针锁针上钩 7 针长针松叶花，最后钩 1 针锁针立起。
2. 在上一行入针，用 1 根中指粗的棒针做模具，也可以直接用中指做模具，用左手中指压住线，钩针从中指上方挂线钩出。
3. 钩针引拨穿过所有的线圈。
4. 重复操作钩 8 针短环针后钩 2 针锁针、3 针引拨针完成 1 片花瓣，继续钩下一片花瓣。

∽ 花边 86 花穗部分的钩织方法 ∽

1. 钩 16 针锁针，钩 3 针锁针立起，在倒数第 4 针锁针上钩 4 针长针的松叶针。
2. 从后向前钩的每一针锁针都钩 4 针长针的松叶针。
3. 钩 3 针锁针、1 针引拨针，回到第 6 针位置钩下一个花穗。用手整理 11 针锁针上的松叶针使之形成花穗状。
4. 重复上面步骤的操作钩出自己所需的花边。

83

工具：5 号钩针
材料：玫红色亮片线 8g
作品详见 P82
详细图解见 P84

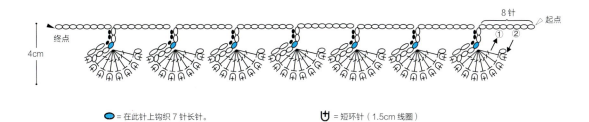

8 针

起点

终点

4cm

① ②

⬮ = 在此针上钩织 7 针长针。　　⊔ = 短环针（1.5cm 线圈）

84

工具：4 号钩针
材料：淡绿色棉线 6g
作品详见 P82

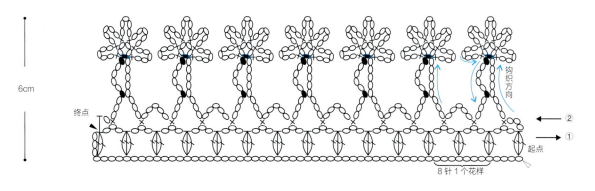

6cm

终点

钩织方向

②
①

起点

8 针 1 个花样

⬮ = 钩 5 针锁针引拨针围成圈后，把钩线从织物的下面绕到右边钩小花朵。

85

工具：5 号钩针
材料：绿色圆棉线 4g、白色圆棉线 3g、红色圆棉线 1g
作品详见 P83

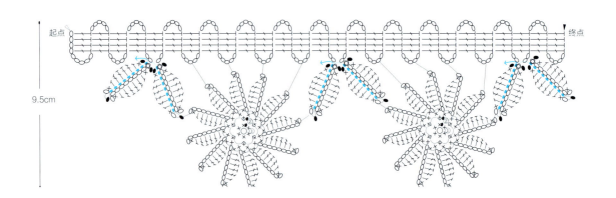

起点   终点

9.5cm

● = 把线放在织物的下面钩引拨针。

花朵的钩织方法：
1. 红色线用手指绕线起针围成圈，第①圈在圈内钩 6 针短针引拨结束。
2. 第②圈在每一针短针上加 1 针短针，这 1 圈是 12 针短针，最后以引拨针结束。
3. 换白色线按图解在每一针短针上钩 1 片花瓣，共钩 12 片花瓣。

叶子的钩织方法：
1. 在花边上的 2 针起针上钩 9 针锁针。
2. 钩 1 针锁针、1 针短针、1 针中长针、4 针长针、1 针中长针、1 针短针和 1 针引拨针。
3. 钩 1 针锁针，在锁针的反面进行同样的钩织。
4. 反面最后钩 1 针锁针后再钩 1 针引拨针，然后钩引拨针。
5. 按同样的方法钩织另一片叶子，注意另一片叶子与花朵的连接。

86

工具：5 号钩针
材料：纯白色圆棉线 14g
作品详见 P83

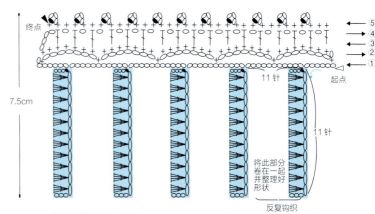

终点   ← ⑤
                               → ④
                               ← ③
                               → ②
                               ← ① 起点

7.5cm   11 针

11 针

将此部分卷在一起并整理好形状

反复钩织

花穗部分详细钩织方法见 P84

87

88

89

编织图解：详见 P90

90

91

92

编织图解：详见 P89、P91

花边 91 的钩织方法

1 钩 13 针锁针后再返回钩 3 针长针。

2 钩 5 针锁针后在上一行 3 针长针上钩 3 针长针。

3 钩 9 针锁针后在上一行 3 针长针上钩 3 针长针。

4 重复步骤 2 和步骤 3 的操作，再钩左边 2 个 9 针锁针的线环、右边 2 个 5 针锁针的线环和 1 个 10 针锁针的线环。

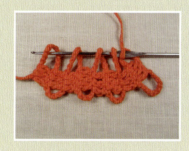

5 钩 4 针锁针后把钩针穿过前面 4 个小环。

6 钩 1 针长针，把 4 个小环绑在一起，使之形成月牙状。

7 再钩 5 针锁针、1 针引拨针。

8 把织物换个方向，在 5 针锁针上钩 6 针短针后再钩 4 针锁针。

9 按同样的方法再继续钩下 1 朵月牙花。

87

工具：4 号钩针
材料：纯白色棉线 5g
作品详见 P87

= 钩 5 针锁针引拨针围成圈后，把钩线从织物的下面绕到右边钩 3 针锁针后钩长针。

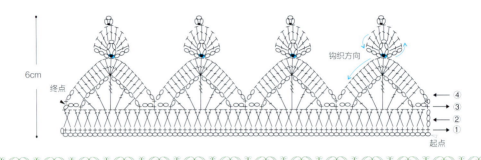

钩织方向

6cm

终点

起点

④
③
②
①

88

工具：5 号钩针
材料：奶白色圆棉线 8g
作品详见 P87

= 在上一行的 2 针长针之间钩织。

反复钩织

① ② ③ ④

起点

断线

3.5cm 接线

终点

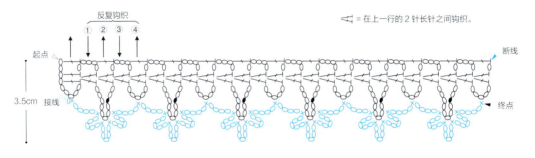

89

工具：5 号钩针
材料：白色粗圆棉线 10g
作品详见 P87

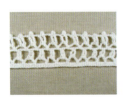

终点

5.5cm

起点

⑤
④
③
②
①

4 针 1 个花样

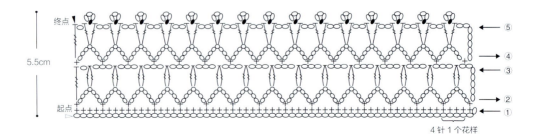

90

工具：4 号钩针
材料：纯白色棉线 7g
作品详见 P88

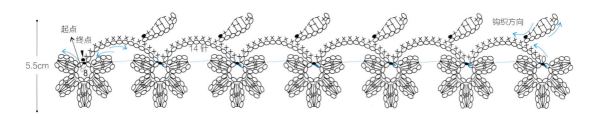

⬤ = 钩完 8 针锁针、1 针引拨针围成圈后把线从织
物的下面绕到右边钩小花瓣。

起点
终点
钩织方向
14 针
5.5cm
8

91

工具：4 号钩针
材料：纯白色棉线 6g
作品详见 P88
详细图解见 P89

↩ = 用 1 针长针把前面锁针的 4 个环套在一起钩。

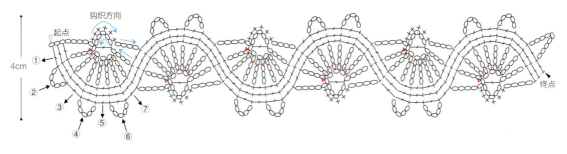

钩织方向
起点
终点
4cm
① ② ③ ④ ⑤ ⑥ ⑦

92

工具：小 4 号钩针
材料：奶白色包芯棉线 8g
作品详见 P88

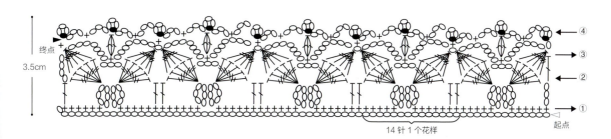

终点
3.5cm
① ② ③ ④
起点
14 针 1 个花样

93

94

编织图解：详见 P94

95

96

编织图解：详见 P95

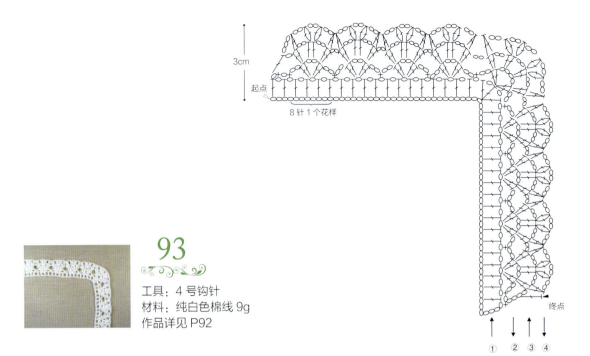

3cm

起点

8针1个花样

终点

① ② ③ ④

93

工具：4 号钩针
材料：纯白色棉线 9g
作品详见 P92

1.5cm

起点

4针1个花样

终点

① ②

94

工具：4 号钩针
材料：纯白色细圆棉线 4g
作品详见 P92

95

工具：5 号钩针
材料：奶白色棉线 13g
作品详见 P93

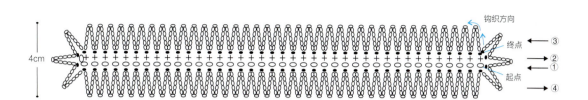

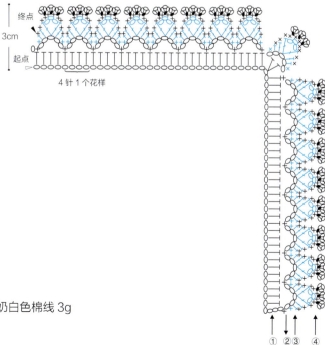

96

工具：4 号钩针
材料：紫色棉线 3g、奶白色棉线 3g
作品详见 P93

97

编织图解：详见 P98

98

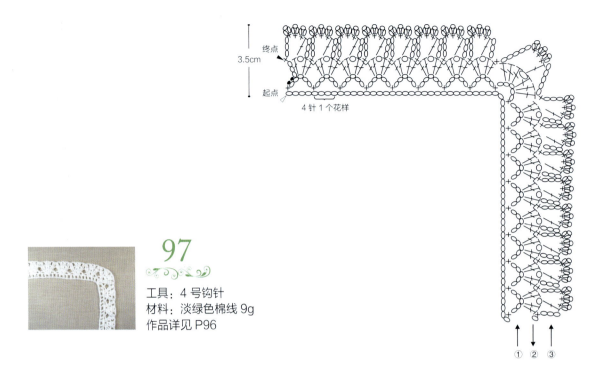

終点

3.5cm

起点

4针1个花样

① ② ③

97

工具：4号钩针
材料：淡绿色棉线 9g
作品详见 P96

98

工具：4号钩针
材料：蓝色细圆棉线 5g、纯白色细圆棉线 4g
作品详见 P97

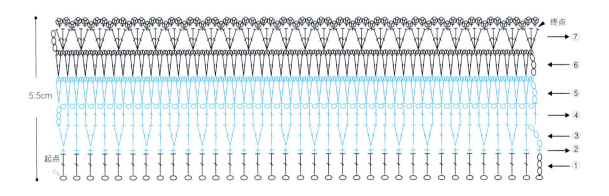

终点

⑦
⑥
⑤
④
③
②
①

5.5cm

起点

99

编织图解：详见 P101

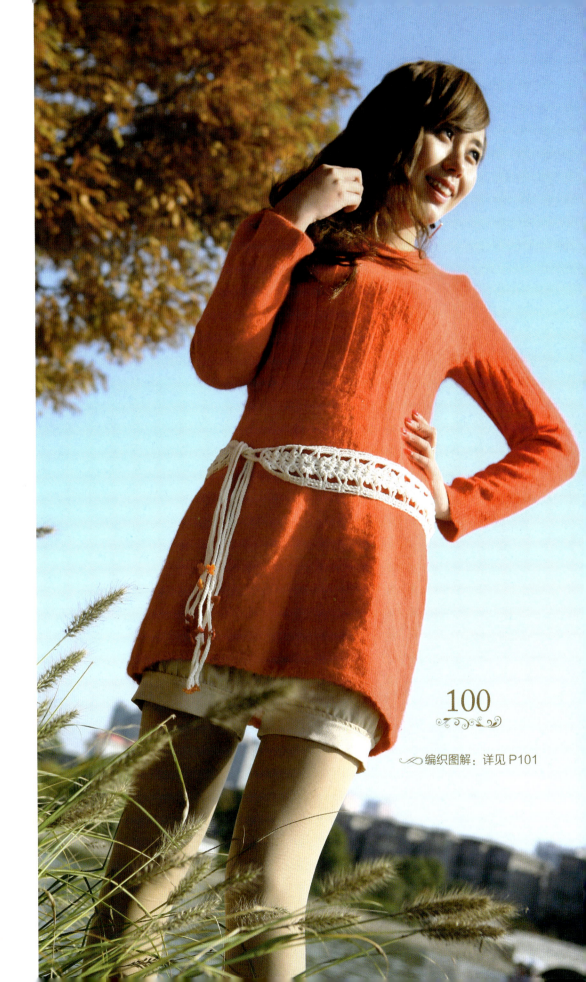

编织图解：详见 P101

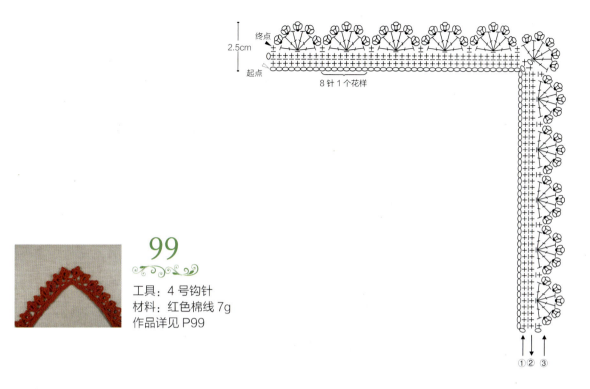

終点
2.5cm
起点
8 针 1 个花样
① ② ③

99

工具：4 号钩针
材料：红色棉线 7g
作品详见 P99

100

工具：5 号钩针
材料：奶白色棉线 12g
作品详见 P100

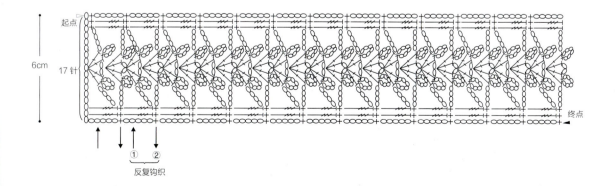

起点
6cm
17 针
终点
① ②
反复钩织

85

　　喜欢蕾丝裙的你总觉得那些裙体的设计大同小异，担心有撞衫的可能。如果这样一条素雅的蕾丝裙配上清新花朵的领边，定能让你在人群中格外夺目。

　　同样，你的复古挎包随意点缀上这样精致的花边，也会个性十足哦。

　　作品详见 P83

48

偶尔在家的闲暇时光，可以试着 DIY 这样的窗帘绑带。白色的窗帘搭配上醒目的橙色绑带，为家居装饰添一抹色彩。

作品详见 P50

50

喝完饮料的玻璃瓶，造型
还算别致，扔掉又觉得可惜，
单放着好像略显单调。那尝试
着在瓶身做这样的装饰，再插
上一束干花或者鲜花。既能将
资源合理利用，又能给你的手
工生活带来更多小灵感。

作品详见 P51

51

生活总需要一些小
情调才会更显得弥足珍
贵。文艺范儿的你，这样
的留言板一定少不了，那
不妨再搭配上粉色系的花
朵，更显你的细腻心思。

作品详见 P51

74

钩织的乐趣在于：你可以
随性发挥自己的想象力，创造
出不一样的惊喜。这些精致的
花边不一定只适用于衣边，还
可以做各种各样的创意构思，
成品一定让你无比欣喜。

作品详见 P74

81

既能做衣服的花边，
又能做杯垫，这样的花边
一定能让你爱不释手。

作品详见 P79

86

休闲背心难道只能配小热裤、短牛仔裤吗？点缀上螺旋花朵的设计，让你的风格大变身。你还可以搭配上蕾丝蛋糕裙，立即展现出俏皮公主的感觉。

作品详见 P83

93

毛呢翻边复古帽是很多女生衣帽柜中的百搭潮物，装饰上这样的精致花边，复古中带点甜美、率真，戴上它上街，你定是一道亮丽的风景线。

作品详见 P92

94

纯棉的T恤，简单
大气的花边点缀，让你的
整体造型更有亮点。
作品详见P92

1

很多女孩的心愿是有一间
不大却温馨的房子，阳台上可
以种花，闲来可以浇浇水看看
书，偶然来了兴致，还能钩织
这样的唯美花边，装饰小物件，
时光便是这般静谧而美好。
作品详见P11

78

一本写给自己的时光日记，
搭配上唯美的花边，让你的每
一天都拥有着好心情。
作品详见 P78

36

宅女们总喜欢把东西随手扔在乱糟糟的桌子
上，你缺的就是这样一个小巧的收纳篮，再点缀
上创意的花边，既美观又实用。
作品详见 P38

74

这款围巾没有粗毛线的臃肿，没有丝巾的单薄，暖暖的橙色花朵搭配上呢子大衣或者连衣裙都会别有一番韵味。

作品详见 P74

1

亮丽的橙色，富有
创意的花边点缀，配上
一件基础款背心。惬意
的午后，走在大街上，
尽显你的婀娜迷人。

作品详见 P11

65

蝙蝠款的休闲针织
衫，加入花蕊的衣边设
计，率真中多了几分恬
静、温婉。
作品详见 P65

14

清新淡雅的颜色，精致时
尚的设计，完美地呈现出淑女
的气质。

作品详见 P20